生而自由系列

BORN FREE

拯救海豚

感動人心的真實故事

Dolphin Rescue

A True Story

U0010912

金妮·約翰遜（Jinny Johnson）◎作者

吳湘湄 ◎譯者

晨星出版

前言

嗨，大家好！

在**生而自由基金會**（Born Free）這個團體裡，我們相信所有的動物都是獨特的個體，就跟人類一樣。每種動物都有其喜歡或不喜歡的事物，都懷有希望和恐懼，也都配享有牠們自己的生命，毋須害怕我們。可悲的是，事實並非總是如此。但我有信心，在這個世界上，將會有愈來愈多的人們願意去照顧並且尊重那些令人驚奇的野生動物。因為牠們為這個世界創造了原野大地。

我們的故事始於一九六四年。當時我與先夫比爾・崔佛

斯（Bill Travers）一起到肯亞（Kenya）去。我們應邀在一部叫做《獅子與我》（Born Free）的電影裡演出。該電影改編自喬伊·亞當森（Joy Adamson）的許多作品之一，內容描述的是一隻叫做愛爾莎（Elsa）的母獅的故事。喬伊的丈夫，獵場管理員喬治·亞當森（George Adamson）因自衛射殺了愛爾莎的母親；當時還是幼獅的愛爾莎也因此成了孤兒。喬伊與其丈夫幾乎將愛爾莎當做自己的孩子扶養。然而，愛爾莎雖然與亞當森夫婦一起在肯亞的樹叢裡生活，他們夫婦倆卻下定決心要讓愛爾莎成長為一隻真正的野獅子。

獅子一向被視為野獸；人們以運動為藉口射殺牠們、獵捕牠們做為自己的戰利品。亞當森夫婦則要向世人證明，獅子也擁有許多跟人類一樣的特質：忠誠、友愛、喜歡玩耍、愛護自己的孩子等。我們一邊拍戲、一邊認識那些令人驚奇的動物（與我們一起近距離工作的動物全部未受過馴化），內心對牠們留下了深刻的印記。而當時播下的種子，也在我們有生之年，成長茁壯、生生不息。

一九八四年時，我們與我們的長子威爾（Will）共同創辦了這個慈善機構，連續三十一年來致力於終止全世界野生動物所承受的傷害、殘酷、與剝削。我們也盡力與地方上的組織合

作，以確保野生地區及居住其中的動物之存活。

　　本書描述的是兩隻海豚，湯姆（Tom）和米夏（Misha）的故事。大家也許知道，直到現在，人們仍然在大海上捕捉海豚、將牠們運送到全世界不同的國家、把牠們放進氯化過的水泥池子裡，然後訓練牠們做各種表演以娛樂觀眾。而那些觀眾，不知是何原因，似乎並不明白這些敏感、智慧極高的動物其實是被關入了某種牢籠。當觀眾因海豚的表演而開心微笑時，他們以為海豚也在開心地微笑。但海豚的「微笑」只不過是牠們臉部的結構罷了。因此，即便是悲傷的海豚也可能看起來很快樂。

　　我很幸運能夠出現在本故事的尾聲中。所有生而自由基金會的同仁們，在發現我們對某隻動物的期望能夠實現時，總是感到一種特別的喜悅。

Virginia McKenna

演員兼**生而自由基金會**創辦人之受託人

維吉妮亞・麥肯納（Virginia McKenna）

5

世界各地的生而自由組織

動物福祉的捍衛

生而自由基金會揭發動物受苦的真相,全力解決動物受虐問題。

野生動物的救援

生而自由基金會創建並支援眾多野生動物救援中心。

加拿大

美國

英國

南美洲

動物保育

生而自由基金會矢志保育自然棲息地的野生動物。

社區教育

生而自由基金會與社區密切合作，在當地落實我們所奧援的專案計畫。

歐洲

烏干達

喀麥隆

伊索比亞

剛果民主共和國

肯亞

坦桑尼亞

尚比亞

南非

馬拉威

印度

斯里蘭卡

中國

越南

印尼

這是個真實的故事：兩隻寬吻海豚，湯姆和米夏，被人類從海洋裡捕捉，然後關在條件極差的環境裡。後來，**生而自由基金會**所主導的一個團隊解救了牠們。在經過幾十個月的努力與奔走後，該團隊終於將這兩隻海豚送回了大海，讓牠們再度過著自由自在的日子。

湯姆 小檔案

- 誕生於靠近土耳其的愛琴海
- 非常頑皮、淘氣，老是惹上麻煩
- 喜歡人類，尤其是漁夫，而這可能讓他惹上更多麻煩
- 喜歡貪圖便利：偷漁夫捕的魚是他最喜歡獲取食物的方法
- 喜歡在海草和海綿間穿梭玩耍
- 最喜歡的嗜好：衝浪

米夏 小檔案

- 誕生於靠近土耳其的愛琴海
- 安靜、細心、謹慎
- 不喜與人類為伍，喜歡與其他的海豚作伴
- 喜愛自己的食物，也享受自己獵捕食物
- 容易曬傷，因此討厭自己的頭曝曬在太陽下
- 不喜歡下雨

每次看到我，
你就會學到一項與海豚相關的新知。

第 一 章

二〇一〇年，六月

土耳其，西薩勒奴海邊（Hisaronu）

「與海豚一起游泳！享受一生一次的冒險！」興奮的遊客緊盯著海報上的圖片：波光粼粼中，與遊客一起游泳的海豚躍出青藍色的水面。遊客等不及輪到他們；這將是他們這次假期中最有趣的活動，夢想成真。

愈來愈多的人加入某條街上木頭柵欄旁排隊的人群。這裡是土耳其南方海邊的山區度假勝地，西薩勒奴。已經快黃昏了，太陽卻仍然從燦爛無雲的天空往下曬著大地。

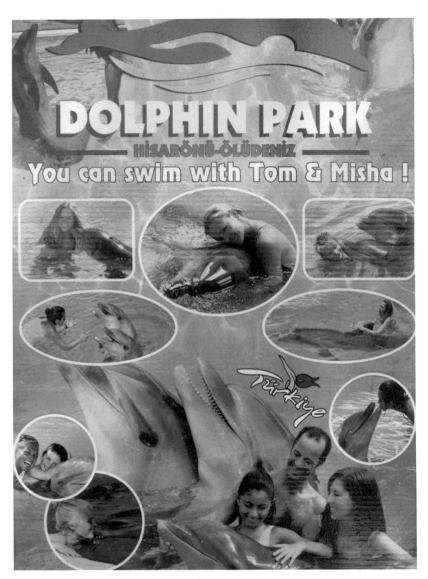

海豚公園

西薩勒奴，歐魯旦尼茲
你可以跟湯姆和米夏一起游泳！

與最神奇的動物一起享受游泳，正是時候。

　　一個又一個家庭付錢買票、匆匆穿過入口，一邊吱吱喳喳興奮地說著話。但當他們走近海豚所在的池邊時，他們的喋喋不休消失了，嘴裡換成了擔憂的低語。事情跟他們所想像的很不一樣。這裡不是他們在海報上看到的一大片乾淨的蔚藍水域。他們所看到的只是像普通旅館裡的游泳池那般大小的一個水池，池邊還堆放著破碎的磚塊、倒塌的牆面等亂七八糟的東西。池子裡的水又黑又髒，空氣中浮著一股腐敗的魚臭味。幾個孩子一臉不安地看著自己的父母，用手搗著鼻子。

　　訓練師將魚丟進兩隻海豚的嘴裡；牠們在水裡游上游下的取食。但牠們看起來一點都不像門外海報上的海豚那般皮膚光滑、身形優雅。牠們的身體細瘦，兩眼無神。當餵食時間一過，牠們便漫無目的地游開了，在狹窄的小水池裡來回移動。這不是遊客們先前所獲得的承諾、不是他們所嚮往的那種預期的體驗。

　　幾個人小心翼翼地滑入水池中靠近海豚。氯氣的味道很重，令人幾乎無法忍受，池中的水也讓人覺得黏膩。附

海豚是哺乳類動物；牠們跟獅子、貓、狗、猴子等動物——當然，還有人類——都是同類。牠們一輩子生活在大海裡，但牠們必須固定地浮出水面呼吸。

近的酒吧傳出喧囂的音樂聲，與來自鄰近的清真寺的召人祈禱的呼喚聲對抗著。那兩隻海豚是如何忍受那汙濁的水和喧囂的噪音？不用說，這應該是不對的吧？

那些勇敢滑入又髒又臭的水裡的遊客，確實獲得了靠近海豚的機會。但即使那些遊客對海豚在大海裡的生活毫無所知，他們也能感受到那兩隻動物的不快樂。

然而，那些遊客不知道的是，那兩隻海豚在被送到這個叫做水池的地方前發生了什麼事、又遭遇了哪些折磨。

在土耳其，法律不允許人們從大海裡捕捉海豚，但那兩隻海豚可能是在二〇〇六年時在愛琴海（Aegean Sea）捕到的。當時，牠們的年紀應該在六到十歲之間。

　　要捕捉野生海豚並不容易，因此，對兩隻海豚而言，那過程一定是個恐怖的經驗。牠們被人類殘酷地從同伴的身邊、從自由、從自己所熟悉的一切撕離，然後被送到土耳其海邊西薩勒奴東面的卡斯城（Kas）的海豚館。從那時起，牠們的生命便完全走樣了。

知識
小檔案

寬吻海豚
（Bottlenose Dolphins）
居住在全世界溫暖的熱帶海域裡。
一隻成年的海豚可能長達三公尺，體重超
過五百公斤──那至少是獅子的兩倍、人類
的六、七倍。牠們的體型呈流線的魚雷狀，能幫
助牠們在水裡迅速游動；背部的皮膚顏色是深灰
色，越往肚子，顏色則逐漸轉成淺灰色或
甚至白色。海豚的背部長著一支高
且彎曲的鰭，稱為背鰭，身
體下側有兩支尖頭
的腳蹼。

野生海豚精力充沛，喜歡玩耍，且智慧極高——牠們
可能是海裡最聰明的動物。牠們喜歡同伴，也喜歡群居，
數量從兩三隻到數百隻不等。那兩隻被捕的海豚一定很想
念牠們的同伴，因為海豚會不停地用鼻子、用身體彼此摩

擦著。牠們用嘴巴碰觸彼此、用背鰭拍著彼此，甚至靠得很近地一起游動。當然，海豚也可能沒有那麼和善。假如牠們不喜歡某個同伴時，牠們也會咬他、用身體撞他、或用尾巴攻擊他。就跟人類一樣，海豚之間也不一定都處得

當小海豚剛離開母親時，牠們可能會加入其他小海豚的團體一陣子。這些小海豚很活躍、精力充沛，彼此追逐玩鬧，以逐漸開發自己的力氣和體能。到了約莫八歲時，母海豚便已準備好交配，並產下自己的下一代。這時，牠們便可能回到自己的母親和祖母的團體裡。雄海豚則可能會繼續與其他的雄海豚以及夥伴們一起行動。牠們會在一起很多年，彼此之間建立起堅固的關係。

來。例如米夏，當湯姆變得太淘氣或太討厭時，她偶爾也會修理他。

海豚會發出許多種不同的聲音，包括口哨聲、吠叫聲、尖叫聲、以及奇特的嘎吱嘎吱聲等。跟所有的海豚一樣，湯姆和米夏也有自己獨特的口哨聲。這個口哨聲就像一個標記，用以告訴其他的海豚自己是誰——如同我們告

訴別人我們的名字那樣。海豚不是一出生就會發出自己的「標記口哨聲」。

　　海豚在出生後頭幾個月才逐漸發展出自己的哨聲，且通常會與其母親的口哨聲相似——就如同孩童學會用自己母親的口音說話那般。海豚會用牠們的口哨聲彼此召喚，而其他的海豚也會用自己的口哨聲回應。假如一隻海豚與同伴走失了，或一隻幼豚看不見自己的媽媽時，牠們便會瘋狂地發出哨聲直到牠們又聚在一起為止。

　　湯姆和米夏以前的確會彼此交談，但自從被捕後，就沒什麼好聊的了。不需因船隻或鯊魚靠近而彼此警告。也沒有因附近來了一大群魚而興奮地彼此分享訊息。漸漸地，牠們愈來愈沉默。

　　跟人類一樣，海豚在長大後也仍然很愛玩，會一起玩遊戲。湯姆特別愛玩鬧，而且可能最喜歡在水面下追逐搖擺的水草，或乘風破浪，就像個衝浪高手！如今，他自由自在的日子不見了。湯姆和米夏再也不能在一望無際的藍色大海裡與其他的海豚一起游泳或嬉鬧。牠們再也不能親自獵捕自己的食物。

湯姆和米夏一定時常旅行到很遠的地方，一天可以游超過一百公里的路程，到處去探索海洋世界並尋找食物。牠們一定常在陽光燦爛的波浪上跳躍、翻筋斗，享受純粹的快樂；牠們能跳出水面五公尺高，然後再俯衝下來。海豚是很愛玩耍、很好奇的動物；牠們隨時都在探查牠們在海洋世界裡遇見的任何事物──或人類。

　　現在被關在水泥池子裡，牠們被訓練跳躍和潛水的特技以換取食物，而且牠們很快就學到教訓，如果牠們不做出訓練師所要求的動作來，牠們便會挨餓。但更糟的事情還在後頭。擁有卡斯城那座海豚館的商人是一名俄羅斯人；他決定要擴大經營，在離卡斯城兩小時車程的渡假勝地西薩勒奴建立一個新地盤。他的海豚館很受遊客歡迎，因此他想要在西薩勒奴蓋一座新的海豚公園，藉以賺取更多的錢。

　　二○一○年六月初，在完全不考量湯姆和米夏的健康與舒適的狀況下，那名俄羅斯人命人將牠們從水池裡吊起來、放進一輛運送蔬果的卡車內的後方，將牠們載到西薩勒奴去。那個預定的行程很艱苦；在一路上沒有人幫牠們

保持涼爽和舒適的情況下，牠們能活下來眞是奇蹟。在卡車車廂裡經過一個小時又一個小時的顛簸滾動，牠們一定嚇壞了。

到達西薩勒奴後，牠們就被放進一座狹窄、匆忙砌起來的水池裡，地點就在吵雜的夜店區之中。那座長十七公尺、寬十二公尺的水池，只有四尺深；對那些體型龐大且活潑的動物來說根本就太小了。想像一下牠們的感受：遠離習慣的一切，而且沒有人知道如何適當地照顧牠們！每一種聲音都那麼不熟悉、那麼令人害怕；每個牠們所碰觸到的事物，都那麼堅硬、那麼奇怪。

那名俄羅斯商人急著想在夏日的觀光旺季時大賺一筆，因此很快就打開了海豚公園的大門，開始營業。他決定對每位想與他的俘虜一起游泳的遊客，收取每十分鐘五十美元的費用。而一開始時，嚮往與海豚一起暢遊的觀光客蜂擁而至。

湯姆和米夏在卡斯城的海豚館時已經受過訓練；牠們順從地與喜歡牠們的遊客們一起游泳。湯姆受過的訓練比米夏多，而且特別願意與人類互動。米夏也會做好自己份

海豚的
吻約八公分長，唇線往上
彎曲，使其臉部看起來永遠在微笑
的樣子。牠的下頷有一排圓錐形牙齒，
數量約八十到一百顆。

內的事，因為跟湯姆一樣，她也知道這是獲取食物的唯一方法。

　　兩隻海豚一直都微笑著，但是牠們的微笑並不能顯示出牠們的真正感受——牠們只是嘴巴長成那個樣子。被囚禁在瀰漫著氯氣、沒有真正海水的水池裡，不能夠游很遠的距離，不能夠與其他的海豚在一起或過著一種正常的生活，牠們怎麼會快樂呢？

第 二 章

二〇一〇年六月
土耳其，西薩勒奴

　　西薩勒奴的水池不僅是匆忙砌起的，它也沒有適當的
規劃。淨水系統壞掉了，池底很快就佈滿了腐爛發臭的魚
屍。還有海豚的排泄物。海豚的食量很大，糞便量也很
大，但是水池卻沒有固定地被清理。池裡的水變得黏稠、
發出臭味。原本應該遮住水池以防烈陽曝曬的藍色帆布篷
蓋也不夠大，湯姆和米夏都曬傷了。牠們比一般野生海豚
花更多的時間在水面上，皮膚的溫度也就容易升高。

更糟的是，西薩勒奴是個尋歡作樂的度假勝地，到處都是酒吧和俱樂部。日以繼夜，空氣中都是如雷貫耳的音樂聲——對於對聲音特別敏感的海豚來說，那裡絕對不是一個理想的居處。湯姆和米夏顯然承受著折磨，而觀光客和居民們開始為牠們感到憂心。當地愛護海豚的人士成立了一個叫做「海豚天使」（Dolphin Angels）的團體，發誓要拯救牠們——以及其他在土耳其被捕的海豚——使牠們遠離痛苦的生活。

「海豚天使」以及到當地觀光的遊客向園區的主人發出控訴，並且組織抗議活動，高舉旗幟在園區外面來回遊行示威，要求他們關閉園區、將海豚釋放回大海。附近的商家開始擔心他們會受到不利的影響；不少旅行社也同意不再帶遊客到海豚公園去。同時，園區的主人和海豚訓練師則努力向大眾保證，說那兩隻海豚狀況良好、牠們過得很開心、也受到很好的照顧等等。他們害怕會失去這個賺大錢的生意。

但只要看一眼那兩隻海豚可憐的住處，我們就知道事實不是那麼一回事。湯姆和米夏過得顯然是一個可怕、充

滿壓力的生活。牠們沒有獲得足夠的刺激和運動。牠們甚至沒有獲得足夠的食物。像這般體型的海豚每日約需九公斤的魚量，但湯姆和米夏每天只有大約兩公斤的食物，而且還是品質不佳的魚。不能長程游泳又營養不足的湯姆和米夏，身體愈來愈虛弱。牠們的臉看起來也許在微笑，但牠們的眼睛卻黯淡無光、透著悲傷。

「海豚天使」的志工們，尤其是尼可拉・查普曼（Nichola Chapman）、東恩・拜優科卡（Dawne Buyukkoca），以及雷絲莉・羅賓森（Lesley Robinson）與他們在臉書上數以千計的追隨者吸引了愈來愈多的關注和支持。《太陽報》（*The Sun*）以及其他國際新聞媒體開始報導這個事件。生而自由基金會在英國的分部則透過其旅行者動物警報（Travellers' Animal Alert）收到了來自四面八方的指控。他們察覺這個事件的嚴重性，於是馬上採取了行動。湯姆和米夏「回歸大海」的援救行動第一步於焉開始。

生而自由基金會組織了一個團隊，成員包括一名獸醫約翰・奈特（John Knight）。他們從英國前往土耳其，並

想盡辦法獲得兩隻海豚的持有者的允許，讓約翰幫湯姆做檢查。但他們不被允許查看米夏。在檢查完湯姆後，他們最擔憂的事情立即被確認了。

湯姆的狀況很糟，健康也在惡化中。獸醫覺得那兩隻海豚的體力仍足以承受搬運，但必須盡快進行。如果湯姆和米夏繼續留在那惡臭的水池裡，獸醫相信牠們一定會生病並死亡。那兩隻海豚無精打采且沉默，不像牠們在大海

時那樣會彼此呼叫。牠們似乎已經放棄了活下去的意願，但誰又能夠為此責怪牠們呢？

海豚公園的惡劣狀況被傳佈了出去，愈來愈少的遊客前來造訪。許多人所關注的不僅是海豚的健康，還有他們自己的健康。即使能夠與海豚共游，也沒人願意跳入那黑黝黝又臭哄哄的水裡。**生而自由基金會**的獸醫檢測了池水，結果顯示水裡的細菌數量很高。不用說，那會危害任何敢在那池水中游泳的人的健康，對海豚也是。水中的氯含量也高於正常值，而那不但會傷害海豚的眼睛，甚至會造成牠們的失明。

那俄羅斯人想靠海豚賺大錢的計畫未能如願。他尚未償還建造水池的工程款，生計逐漸陷入了困境。當**生而自由基金會**的

團隊開始跟他談判時，他仍試圖宣稱那兩隻海豚很健康，但隨著抗議的聲浪愈來愈高，他便把園區關閉了。不久，他明白自己已經麻煩纏身，於是離開該地區消失不見了。沒人知道他的去向。

　　同時，水池的建造商因拿不到工程款，便將兩隻海豚、潛水用具、冷藏櫃等據為己有，作為抵押。他們計畫將所有的東西出售以收回本錢，於是開始跟**生而自由基金會**的團隊交涉。但他們獅子大開口，要求幾萬英鎊的金額。**生而自由基金會**根本付不起那筆錢，即便是為了援救湯姆和米夏。團隊不得不拒絕，無奈返回英國。但是，他們並未放棄作戰。

第 三 章

二〇一〇年，八月和九月
土耳其，西薩勒奴到費西葉港（Fethiye）

八月底時，**生而自由基金會**接到來自土耳其的一通電話。水池建造商威脅說要將湯姆和米夏賣給出價最高者，以換取他們被積欠的款項。在律師蘇拉·貝德（Sule Beder）和記者唐諾·麥克因泰爾（Donal MacIntyre）的協助下，**生而自由基金會**再度展開與建造商的交涉。時間很緊迫，但雙方的爭論似乎會拖上好幾個星期。後來，**生而自由基金會**的專家做出了驚人的報告：兩隻海豚若沒有

受到恰當的照顧，很快便會死亡。這時大家都明白，如果不盡快採取某種行動的話，建造商可能就一毛錢也拿不到了。終於，雙方有了協議。**生而自由基金會**被告知他們可以買下湯姆和米夏，但他們必須在那個周末進行搬運，否則海豚將會被賣給其他人。

接下來，團隊瘋狂地開始了一連串的行動。**生而自由基金會**沒有時間可以浪費了，如果他們想要將海豚安全且健康地搬離西薩勒奴的話。整個拯救團隊——成員包括**生而自由基金會**的代表、海豚專家道格·卡特里吉（Doug Cartlidge）、來自「不列顛潛水員海洋生物拯救協會」（British Divers Marine Life Rescue，簡稱 BDMLR，一

個致力於援救受虐海洋動物的基金會）的成員、海豚天使，以及其他人，包括一名當地的計程車司機等——通力合作，做出了一個援救計畫。

　　參加此救援計畫的還有土耳其的海底研究社（Turkish Underwater Research Society）；他們在馬爾瑪里斯（Marmaris）海岸找到了一座漁場。那座漁場原本是養殖漁業用的，且面積不如拯救團隊所希望的那麼大，但對湯姆和米夏來說，在爲牠們找到更理想的住處前，倒不失爲一個環境良好的暫時的家。再者，比起西薩勒奴的小水池來，那座漁場已經好上千倍萬倍了。

　　搬運海豚不是一件簡單的事。海豚終其一生都住在水

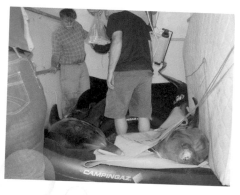 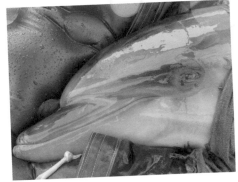

裡，因此不習慣承受自身的重量。失去了水的支持，大型的海豚可能會窒息，因為牠的肺部會被自己的體重壓碎了。此外，水還可以讓海豚保持涼爽；離開了水，牠們很容易就會變得太熱。但拯救團隊沒有時間做出一個適當的水箱來運送湯姆和米夏，因此只能盡力改善狀況。

　　為了將這個困難的旅程儘量準備得安全舒適，拯救團隊想辦法給兩隻海豚雇用了一輛有冷藏設備的卡車。如此，他們珍貴的乘客就不會因為夏日烈陽的曝曬而覺得太熱。他們也在當地到處請求支援、盡可能借來許多的軟墊和氣床，然後將牠們全部放進卡車裡，以便給湯姆和米夏的旅程提供足夠的靠墊和支撐。

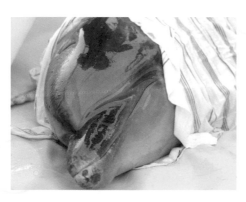

星期天早晨一破曉，在湯姆和米夏被送到西薩勒奴將近四個月後，「回歸大海」的成員們在水池邊集合，開始了這一個困難又戲劇性的拯救行動。在許多人的幫忙下，兩隻海豚從水池裡用繩索被吊起來、小心翼翼地放進卡車裡。那是令人神經緊繃的一天，但對湯姆和米夏而言，情況更艱難。虛弱且承受巨大壓力的牠們，被拯救團隊從水裡搬出來、放入一個奇怪且令人害怕的地方。牠們並不知道，這次搬運牠們的人類只是在為牠們的福祉考量。牠們並不知道，牠們終於要前往一個更好的生活環境。

　　一路上，工作人員盡其所能地讓湯姆和米夏覺得舒適。熱心的人們與牠們同行、陪伴牠們、跟牠們說話、努

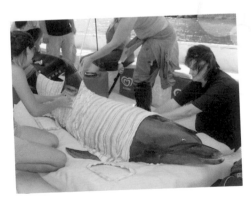

力地安撫牠們的恐懼和不安。不用說，兩隻海豚都嚇壞了。但希望牠們在那些用濕毛巾和毯子保持牠們皮膚濕潤和涼爽的手的照顧下，能鎮靜下來。

　　整個旅途約莫需要四個小時的時間，但最後一段是海

上的行程，因為前往海邊漁場的道路太狹窄，卡車過不去。他們把軟墊搬進小船裡，而兩隻海豚也必須再次受到搬運。或許在那天的那個時刻，大海的聲音激勵了兩隻海豚的精神，並喚起了牠們對另一個生活的遙遠記憶。終

於，湯姆和米夏抵達了那座漁場，位置就在一個美麗又隱蔽的海灣裡。誠然，牠們仍然得被關起來。漁場四周圍著魚網，以確保牠們的安全，因為牠們還沒完全做好再次自由生活的準備。但是，牠們至少是在大海裡，環境好太多了，而且將會愈來愈好。

拯救團隊的成員們很溫柔很謹慎地從船上抬起擔架，將湯姆和米夏送進水裡去。當兩隻海豚滑進海水裡時，眾人喜極而泣、大聲歡呼鼓掌。在長途的旅途後，對牠們而言，那是多大的喜悅啊！大海的感覺一定很棒吧！一開始，牠們的動作緩慢且猶豫。牠們早已學會了警惕。但當湯姆和米夏感受到那清涼乾淨的海水沖刷過牠們的身體時，牠們開始游動起來。或許某種本能告訴牠們，牠們再度安全了。牠們已經回到了自己在大自然裡的家。

雖然湯姆和米夏已經經歷了那麼多，但整個救援過程才剛開始。現在，牠們必須重新學習如何在大海裡生活、如何捕捉自己的食物、如何保護自己的安全免於掠奪者例如鯊魚的獵殺。而沒有人知道，這需要多久的時間。

第 四 章

二〇一〇年，十月和十一月
土耳其，費西葉港

　　湯姆和米夏現在安全了，但一切情況卻都不妙。牠們不快樂，而且很安靜。牠們不常游動，一開始時甚至完全拒絕進食。由於牠們已經體重不足了，因此拯救團隊必須立即採取行動，且速度要快。

　　湯姆和米夏之前在小水池時的俄籍訓練師，在頭幾個星期時也前來幫忙。比起其他陌生人，兩隻海豚至少熟悉他，而他也知道如何藉由餵食管強迫餵食。那是一件困難

的工作，但拯救團隊不能再冒讓海豚繼續衰弱下去的風險。湯姆和米夏也需要緊急醫療措施，來治療牠們先前在汙穢的水池裡感染上的細菌和寄生蟲。團隊的成員們也承擔著相同的風險。為了預防感染，在西薩勒奴水池裡與海豚共處多時的那位獸醫還接受了一個抗生素的療程。

大家也許會認為，既然海豚那麼聰明，那麼牠們一定記得以前大海裡的生活、要讓牠們為自己的釋放做好準備一定很簡單。很不幸，事實不然。在那四年的囚禁生涯中，湯姆和米夏已經變得愈來愈沮喪、愈來愈退縮了。牠們已經忘了如何當一隻海豚了。牠們只是做被要求的事情——跟遊客互動並一起游泳。

海豚的許多行為都是向其他海豚學習而來的。牠們彼此模仿、互通訊息。但湯姆和米夏多年來一直缺乏這方面的接觸；因此在牠們被釋放之前，牠們必須先學習如何保護自己以及如何在遼闊的大海裡求生。牠們必須學會如何再度自由的生活。在將海豚放進大海的興奮過後，拯救團隊開始擔心要如何照顧牠們、幫助牠們建立釋放後的生存能力。來自海底研究社的德雅・意爾德琳（Derya Yildirim）

和艾爾丹姆‧丹尼葉（Erdem Danyer）幾乎二十四小時不停地工作，但在照顧那兩隻被囚禁過的海豚上，他們需要有這方面知識的海豚專家。

　　很幸運，他們找到了助力。**生而自由基金會**聯絡了在美國的史帝夫‧麥克庫拉克（Steve McCulloch），請求他的協助。史帝夫在照顧海豚方面有超過三十年的經驗；他充滿熱情，不但很關注海豚的福祉，也知道如何幫助牠們。他同意過來探視，並在如何照顧海豚和釋放牠們回大海這方面給予團隊實質的建議。史帝夫長期照顧海豚的經驗告訴他應該怎麼做，而湯姆和米夏也似乎瞭解新來的這個人不但理解牠們，也知道牠們的需要。非常仁慈又耐心

十足的史帝夫，開始照顧湯姆和米夏，要讓牠們盡快恢復健康。

　　首要任務便是讓兩隻海豚大量進食並增加體重。自從湯姆和米夏住進漁場後，團隊成員們通常在牠們一索求就

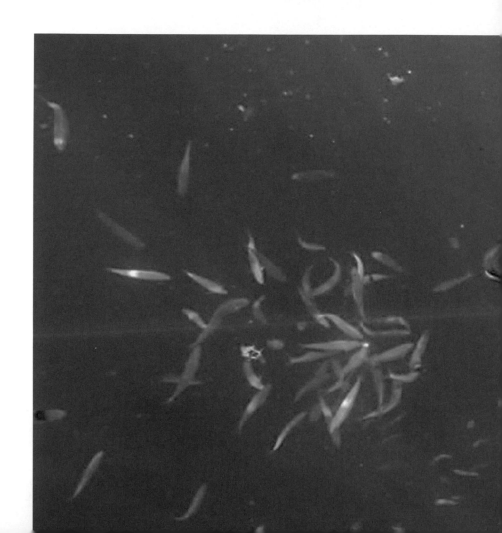

二十四小時地提供食物。但史帝夫設計了一個時間表，希望能夠再度較規律正常地餵食牠們。多年來，湯姆和米夏被餵食的都是冷凍魚隻。對他們而言，食物就是來自訓練師手上的東西，且從水面上而來。牠們已經不知道如何在

寬吻海豚能夠在大海裡成功存活的祕密之一便是牠們的適應能力很強。牠們有許多種不同的獵捕技術，而且能夠吃很多種類的魚以及魷魚和有殼類動物等。一隻成年海豚每天可以捕捉到十五公斤的魚。成群的海豚通常會互助合作；牠們會圍堵一大群魚、把牠們往岸邊趕成亂七八糟緊密的一團，然後輪流有的防守魚群逃走、有的把魚兒吞到肚子裡去。海豚有時也會追隨漁船，當漁人把不要的魚從甲板上往下丟進海裡時，牠們便張口咬住。海豚還有另一種進食的方式，就是聞名的「甩魚入嘴」的特技：牠們用尾巴猛力拍打一隻魚、把牠甩到空中去，然後等著魚往下落入自己等待的嘴巴裡。

水面下捕捉活魚了。沒錯，牠們會看到魚兒在漁場的箱欄外游來游去，許多甚至會穿過網洞游進漁場裡，但牠們不會試圖去捕捉那些魚。牠們只是興味盎然地看著那些魚兒在自己身邊游來游去，就好像我們在看著電視上的野生動物節目那樣！

這段期間，湯姆和米夏一天會被餵食八或九次。米夏似乎頗喜歡自己的食物，並且每周都會多進食一些。湯姆則比較多變且頑皮；他有時會在進食時間作弄米夏，而不專心吃自己的東西。

除了學會捕捉自己的食物外，湯姆和米夏在被釋放前也需要變得更健康、強壯。被俘的海豚不需要遠距離游動就能獲得食物——反正牠們大部份也因環境太狹小而游動不了。牠們的確需要為觀眾跳躍，但那比起牠們在大海裡可能游動的長距離來，根本不算什麼。為了到處尋找食物、躲避掠奪者比如鯊魚、以及與同伴玩耍等，野生的海豚總是不停地在游動。因此，在拯救團隊確定湯姆和米夏可以快速地游動許多公里前，他們是不可能釋放那兩隻海豚的。

所幸，在二○一○年十一月前，一座較大的新漁場建好了。那座漁場直徑有三十公尺，深十五公尺；在那裡，湯姆和米夏有較大的空間能夠游泳和潛水。但首先，牠們必須再度被搬運，而這不是一件簡單的任務，因為比起剛被解救那時，牠們的身型已經變得較大、體重也較重了。

史帝夫率領整個任務的操作，他們將海豚從水中吊起來放到擔架上再搬到船上去，接著將牠們運送至新的漁場釋放。有趣的是，湯姆和米夏似乎很不願意被分開。雖然牠們有許多麻煩，還常常吵架！但牠們顯然喜歡彼此。

野生海豚彼此之間會建立起堅固的關係，並互相幫助。跟其他許多動物一樣，牠們也會保護自己的子女。如果同伴受了傷，牠們也會守在同伴的身邊，保護其安全，並會幫助牠浮到水面呼吸。當母海豚要生產時，其他的海豚會緊跟在旁，以幫忙將新生的幼豚推到海面上去呼吸第一口空氣。我們也常聽到海豚救助人類的故事。數年前，幾名泳客在紐西蘭外海戲水時，忽然發現有一隻大白鯊離他們很近。這時，一群海豚出現了；牠們圍繞著那幾名泳客，直到那隻大白鯊放棄牠的獵物游走了。類似這樣的故事還很多。

知識小檔案

56

第 五 章

二〇一一年，一月
土耳其，費西葉港

　　史帝夫幫湯姆和米夏規劃了一條復健之路，不過他無法長期陪伴牠們，因為他還有其他任務要履行。二〇一一年一月時，另一名海洋哺乳動物專家，傑夫·佛斯特（Jeff Foster），前來幫忙。他與**生而自由基金會**的團隊一起照顧兩隻海豚直到牠們能夠被釋放。

　　多年前傑夫曾經幫忙海豚公園和水族館獵捕鯨魚和海豚。但後來，他開始質疑自己的所作所為；他領悟到將動

57

物從大海裡抓出來，然後訓練牠們來娛樂人類，是多麼錯誤的行為。從那之後，他便開始參與海洋哺乳類動物的保護和復健。他最著名的工作便是照顧電影《威鯨闖天關》

（*Free Willy*）裡的殺人鯨凱戈（Keiko）。傑夫在凱戈受囚禁多年後成功地將其釋放回大海。不過，令人難過的是，那隻殺人鯨在次年便死亡了。對傑夫而言，湯姆和米夏是個大挑戰。如果整個團隊努力完成兩隻海豚的復健工作，成功地將其釋放回大海，並且密切地追蹤牠們在大自

然裡的進步情形，那將是人類有史以來第一次。之前從未有人詳細地記錄過海豚被釋放後的生活。以前曾經有海豚被釋放並且在後來被看到，但牠們被釋放後的活動卻從未受到全面性地監測和紀錄。

傑夫和史帝夫都知道，多年的囚禁生活已經讓湯姆和米夏覺得疲乏、了無生趣了。團隊的成員們必須讓兩隻海豚重新學習為自己著想。在大海裡，每天都有不同的挑戰：潮汐的變化、洋流、氣候、其他各種各類的生物以及危險等。野生的海豚必須隨時保持警惕，以面對這些挑戰。因此，湯姆和米夏需要再次學習使用自己的技能和感官。而那表示整個團隊得花費好幾個月的心思和努力。

在漁場裡，當湯姆和米夏開始進食時，牠們只願意接受由工作人員遞給牠們的食物。牠們不理會那些丟進水裡的魚，也沒有要為自己捕捉食物的念頭。對湯姆和米夏的重新訓練而言，第一步便是要讓牠們開始在水裡進食。工作人員給牠們的仍然是死魚，但牠們不必到水池邊來乞討食物。

湯姆和米夏的狀況愈來愈好，但牠們必須再次習慣食

用活魚。那將是一件漫長又艱辛的任務。假如你所記得的吃過的東西只是一大塊一大塊冷硬的食物，那麼在面對活生生、扭動的東西時，一定會嚇壞了。

　　牠們也必須習慣不同種類的食物。當湯姆和米夏剛被送到漁場時，牠們只願意吃鯖魚，跟在西薩勒奴的水池裡時一樣，並拒絕其他所有的食物。問題是，鯖魚並不是地中海（Mediterranean）的魚類。湯姆和米夏必須學習食用像鯡魚和鰻魚這類的魚，因為那將是牠們被釋放後所能在大海裡找到的魚。慢慢的，工作人員用當地產的魚隻取代鯖魚；最後，湯姆和米夏終於開始接受新的魚類。

　　當兩隻海豚在漁場裡游動的時間大量增加後，牠們的身體也長得越發強壯了。牠們再次成了真正的海豚，競爭食物時會不停發出哨聲和卡嗒卡嗒聲。

知識小檔案

海豚或許沒有、也不需要嗅覺，但牠們有很敏銳的視覺、聽覺、味覺以及觸覺。為了保持體型的流線以便快速游動，海豚並沒有外耳，只有開在頭部兩側的小耳洞。牠們的聽覺遠比人類的聽覺敏銳，並且能夠聽到很多人類聽不到的聲音。

海豚也有絕佳的視力，在水面下和水面上都能看得很清楚。更厲害的是，牠們的兩隻眼睛能夠獨立視物；因此，海豚可以一隻眼睛往下看著黝黑的海底、另一隻眼睛往上看著明亮的水面。

但海豚最重要的是牠們的回聲定位技能。其運作如下：海豚會發出高頻率的卡嗒聲，靠穿過腦袋裡面一個又大又圓的結構（稱為「額隆」）將之送出。牠們可以在一秒鐘內發出將近一千次的卡嗒聲。那聲音會從任何物體，比如魚隻，循著原路徑反彈回來。而那些傳回來的回聲會給予海豚有關該物體的大量訊息，幫助牠們辨識出那物體的位置、大小、移動速度等。藉由那些回聲，海豚能夠對那件物體的所在環境建構出非常細膩的圖像。靠著回聲定位，海豚能夠找到躲在海底沙堆裡的魚兒。有些專家甚至認為，海豚可以利用自己的回聲定位從遠處就將魚隻迷昏。

第 六 章

二〇一一年，七月到十月

土耳其，費西葉港到果科伐海灣（Gokova）

　　這時，湯姆和米夏的狀況愈來愈好，體重也增加了。
每個人都很辛苦，但是兩隻海豚的進步有目共睹，因此大
家都覺得很值得。然後，在海豚獲救大約十個月後，一件
不幸的事情發生了。不知何原因，兩隻海豚都受到了某種
感染。牠們不進食，也不回應照顧牠們的工作人員，並且
變得無精打采、病懨懨的。拯救團隊非常擔憂。他們所有
的努力最後會全部付諸流水嗎？

爲了讓湯姆和米夏接受抗生素的治療，他們必須把兩隻海豚抓起來、移送到一個較小的「醫院」漁場去。拯救團隊不想驚嚇到湯姆和米夏，將之前好不容易與牠們建立起來的良好關係破壞了，因此他們邀請了一些擅長捕捉海豚的專家前來協助。他們的策略是：用套索套住海豚的尾巴，將牠們拉進一條運送用的吊帶裡，然後再將牠們移送到醫院漁場去。不過，他們必須在第一次嘗試時就成功，否則，兩隻海豚將會因爲害怕而變得更難捕捉。

很幸運，這時有兩位專家，艾咪·蘇斯特（Amy Souster）和米卡·帕提卡（Mike Partica），前來加入了拯救團隊；於是，在沒有太困難的情況下，他們順利地抓住湯姆和米夏、將牠們做了轉移。第六十八頁和六十九頁的圖，所呈現的便是兩隻海豚在醫院漁場時的情形。湯姆和米夏接受了抗生素的治療，並且在幾個小時內病情就獲得了極大的改善。牠們重新進食，開始對周遭有反應，並且很快就恢復了先前的樣子，可以被移回之前較大的那個

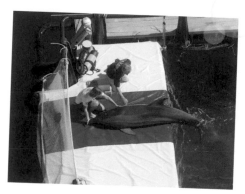

漁場了。但是，這時又發生了一個新問題：住在漁場附近的人們不喜歡那兩隻海豚與駐在當地的團隊；他們開始騷擾團隊成員，並且對漁場刻意製造破壞。

情況愈來愈棘手。所幸，果科伐航行俱樂部（Gokova Sailing Club）的擁有者哈路克‧卡拉曼諾庫魯（Haluk Karamanoğlu）給團隊提供了一個位置，就在同一處海灣的另一邊。兩隻海豚再一次被轉移；而這次團隊將整個漁場設置綁在一艘船的後面，連同在其中的兩隻海豚慢慢地拖移到新的地點去。那是一個美麗又僻靜的海灣，在那裡唯一的聲音就是海浪輕柔拍打崎嶇的海岸和鳥兒在沿著海岸茂密的松林裡歌唱的聲音。那裡遠離西薩勒奴大街的喧囂，是一個完全不一樣的世界。

那一段時間，整個團隊都住在海邊盡量靠近漁場的地方，因為兩隻海豚需要他們全天候的照顧。不管任何時刻，漁場裡至少都有四名工作人員值班，偶爾還會加上前來協助的其他志工。一開始，那些照顧者住在一棟小木屋裡，但後來小木屋被暴風雨以及一個超級颶風給摧毀了，於是他們只好遷進停在防波堤旁的一輛拖車裡。

一般人可能以為美麗的地中海灣一定總是陽光普照，但事實不然！在整個冬天和春天裡，那裡經常颳起寒冷的強風、下起傾盆的大雨。但拯救工作持續不停。無論日夜、無論什麼氣候，工作人員都得餵食海豚、觀察牠們、並鼓勵牠們游泳和玩耍。奇怪的是，海豚雖然住在水裡面，但牠們似乎並不喜歡雨水！每當大雨滂沱時，牠們總是盡可能地不將鼻子伸出海面去。

要克服湯姆和米夏被囚禁時所造成的問題，需要很長的時間——不是幾個星期，是好幾個月——但兩隻海豚進步神速，變得愈來愈強壯。現在，團隊要開始訓練牠們、讓牠們習慣靠自己的努力尋找食物了。工作人員先將食用魚放入一個特製的水下管子裡，而湯姆和米夏必須與管子玩耍才能獲得牠們的食物。接著，他們開始使用一座巨型投食器將食用魚投射進漁場裡。那些魚仍然是死魚，但湯姆和米夏必須在水面下四處游動、尋找牠們。湯姆和米夏很快就重新找回了身為海豚的本領了，在競爭食物時會不斷發出口哨聲和卡嗒卡嗒聲。

湯姆受過的訓練比米夏多，而且總是樂意與人類互動。他就像一隻精力充沛的大型狗，渴望取悅——但他也隨時在觀望、看如何能用最容易的方式獲取食物！湯姆很頑皮，把每件事都視作遊戲，最喜歡爭取他的人類朋友的注意。米夏則比較內斂，而且似乎很深思熟慮；她跟湯姆不一樣，從來不會為了玩樂而跟人類有太多互動。米夏的行為比較自然，也很謹慎，並且總是在觀察著自己的環境。她常會從漁場裡往大海的方向凝望，彷彿很渴望回歸

大海似的。

　　湯姆和米夏已經在一起生活許多年，因此牠們必須要與彼此相處。但海豚就像人類，並不會因為生活在一起就處得來。湯姆喜歡遊戲，總是想要跟米夏玩耍。他時常騷擾米夏，常常游到她身邊推她一下或咬她一下。而米夏會容忍湯姆幾天、不發怨言，然後忽然間生氣起來將他趕

跑。這時，湯姆就不去騷擾米夏，但沒過幾天，他便故態復萌，又開始去作弄米夏。

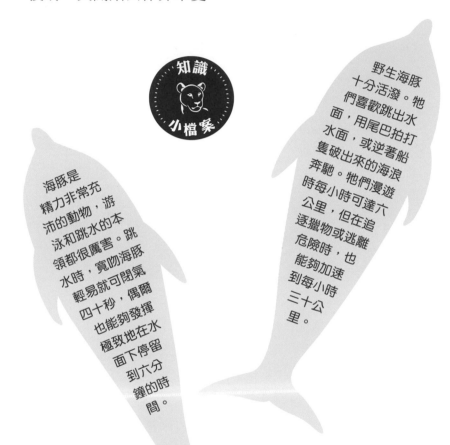

知識小檔案

海豚是精力非常充沛的動物，游泳和跳水的本領都很厲害。跳水時，寬吻海豚輕易就可閉氣四十秒，偶爾也能夠發揮極致地在水面下停留到六分鐘的時間。

野生海豚十分活潑。牠們喜歡跳出水面，用尾巴拍打水面，或逆著船隻破出來的海浪奔馳。牠們漫遊時每小時可達六公里，但在追逐獵物或逃離危險時，也能夠加速到每小時三十公里。

第 七 章

二〇一二年，一月到二月

土耳其，果科伐海灣

　　一旦湯姆和米夏習慣在水裡尋找食物後，下一步就是讓牠們習慣食用被人道打昏的活魚——昏魚不會游動。工作人員也鼓勵兩隻海豚在水裡不同的水平面進食那些魚。他們開始將活魚、死魚，和昏迷的魚混合起來投進水裡。而這表示湯姆和米夏不僅要迅速游動以捕捉食物，牠們還要彼此競爭才能填飽自己的肚子。

　　還有一點很重要，那就是：工作人員必須將人類和食

野生海豚一天中至少有半天的時間在四處游動，尋找食物。其他時間則是在獵捕、進食、與其他海豚為伴和休息等。

海豚的睡眠方式與人類很不一樣：牠們睡覺時，只有半個大腦在休息，另一半則保持著警醒。海豚是不可能完全關機的，因為牠們必須維持足夠的清醒以便規律地浮到水面去呼吸。

用魚之間的關聯盡可能降低；為此他們運用多種不同的方式來給予食物，比如餵食管子、彈弓，以及其他設備等。當湯姆和米夏做出工作人員想要牠們做的事時，例如在漁場裡認真地游泳，工作人員就會用彈弓把魚隻射進漁場裡去。兩隻海豚看到了，便會趕緊去抓住魚，之後牠們就逐漸明白：牠們越認真游泳，就越有可能抓到魚。現在，當

照顧人員將食用魚放進漁場時，湯姆和米夏都會很努力地去追逐、潛水，以便捕獲獵物，並且會彼此競爭以獲取最多的食物。而這個訓練大大地改善了兩隻海豚的健康。

當湯姆和米夏又開始進食活魚時，團隊人員便得對牠們進行刺激，讓牠們變得警醒些。其目的在於突然襲擊牠

們並弄亂牠們的生活規律，以便幫助牠們在大海裡面對可能遭遇的挑戰。

　　工作人員每天都會給湯姆和米夏不同的玩具玩，讓牠們或是攫住皮球和套圈、或是拾回木棍等。奇怪的動物，比如章魚、水母等，也會被放進漁場裡供湯姆和米夏進行

探索。潛水夫則會在兩隻海豚附近游動，鼓勵牠們玩耍；當然，他們會小心地與兩隻海豚保持距離。湯姆和米夏不能太依賴人類，這一點至關重要；否則，牠們可能會在被釋放後喜歡靠近人類，最終導致再次被捕的下場。

　　學習在水面下捕捉魚隻也會幫助湯姆和米夏習慣在水面下的生活。被囚禁的海豚約有80%的時間是在水面上——那是所有事情發生的地方、也是人們花錢要看的表演。然而，野生的海豚大部分的時間卻是生活在水面下。

因此，對湯姆和米夏的新生活而言，這個轉換是最大的改變。

　　團隊的成員也需要教導兩隻海豚做一些事情，如此才能監測牠們的健康。例如，工作人員需要從湯姆和米夏的身上固定地採取血液樣本，以便掌握牠們身體狀況的所有改變，並檢查牠們是否患有任何在被釋放後可能傳染給大海裡其他野生海豚的疾病。

寬吻海豚的主要獵食者是鯊魚。許多海豚身上都有遭鯊吻的痕跡。如果遇到鯊魚威脅時，海豚可能只是盡速游離。但是，如果逃跑失敗，海豚也可能會轉身對鯊魚展開反擊。魟是另一種會危及海豚生命的動物；海豚若被魟魚尾部尖銳有毒的脊柱刺中的話，便可能喪命。

第 八 章

二〇一二年，五月
土耳其，果科伐海灣

　　湯姆和米夏的拯救團隊對他們自己的工作都非常用心。這是一項國際通力合作的行動，志願者來自英國、美國和土耳其等國家。對全體工作人員而言，那是愛的付出。他們最希望看到的，就是那兩隻海豚能夠回歸大海的懷抱，別無其他，這就是他們所想要的唯一回報。然而，就如同他們對湯姆和米夏的愛那般，隨著時間過去，他們越得與兩隻海豚保持距離──對湯姆和米夏而言，切斷與

人類的連結並與其他海豚建立關係，是至關重要的事。如果被釋放後，牠們仍試圖接近人類，那麼最後的結局恐怕會是個悲劇。

現在，「回歸大海」拯救計畫的最後一個階段啟動了。團隊成員必須確定，在湯姆和米夏被釋放的大日子來臨前，牠們在健康以及各方面等都能做好萬全準備。他們也希望兩隻海豚的體重能更增加些，以防在剛進入大海時一下子找不到食物；因此，他們也努力給兩隻海豚餵食更多的魚。

從拯救團隊將湯姆和米夏從西薩勒奴髒汙的水池救出

後，約莫兩年的時間過去了。專家們終於決定兩隻海豚已經能夠自己應付大海的挑戰。牠們不管是在獵食或進食等方面，狀況都很良好。牠們的身體光滑且健碩，並且精力充沛。牠們已經準備好再度遨遊在遼闊的大海裡，隨心所至、捕獵自己的食物。

團隊成員與兩隻海豚共處了這麼多時日，對牠們可說非常瞭解，但卻沒有人能夠保證，牠們在被釋放後到底會發生什麼事。一想到就要把牠們放走了，大家都覺得既振奮又擔憂。他們一定要選擇一個最恰當的釋放時間。

團隊決定，春天是最好的時間點。從春天一直到夏

天，大海裡的魚獲量最豐富，也就是食物會很多，而湯姆和米夏遇見其他海豚並加入牠們的機會也較多。那時的天氣比較好；而且，雖然岸邊的水溫會較高，但海豚們總是能夠游到較涼爽的海域裡。

首先，兩隻海豚都被釘上特別設計的衛星追蹤器。追蹤器就固定在牠們的背鰭上，如此，拯救團隊便可以在牠們剛被釋放的頭幾個星期裡持續追蹤牠們的動向，並且在電池耗盡前，盡可能地監測牠們在大海裡的活動情形。為了讓電池的電力不至於消耗得太快，傳輸器只有在海豚的背鰭破出海面時才會啟動，而非持續性地在傳輸。專家們相信，如果他們能夠追蹤海豚被釋放後頭幾個月的情形並確認牠們一切安好，那麼牠們在大海裡的生活也就會愈來愈好。

然後，重大的時刻來臨了。拯救團隊以及來自英國**生而自由基金會**的代表們齊聚在漁場，打開了漁場的閘門。接下來會發生什麼事呢？湯姆和米夏會直接游出去嗎？牠們會離開、然後又游回來嗎？那緊繃的情緒幾乎令所有在場的人都無法忍受。

湯姆和米夏一開始很謹慎。牠們從漁場望向大海，但不確定該如何行動。牠們已經被囚禁了那麼久。湯姆和米夏看起來很緊張、很擔憂的樣子。牠們不知道該怎麼做。最後，大約二十分鐘後，團隊的成員們試著對湯姆和米夏

當然，在大海裡的生活並非都沒有問題。除了鯊魚的掠殺威脅和遭人類捕捉外，野生海豚也面臨著許多其他的危險。很多海豚因為被捕魚網纏住而窒息。牠們也可能受到海洋裡高濃度的化學物質以及其他各種各類汙染的傷害而死亡。海豚的生活也可能受到來往船隻和海洋建設如石油鑽井機等的干擾。在地中海，過度捕撈甚至讓海豚找不到充足的食物。

做手勢，暗示牠們可以離開漁場了。終於，湯姆游出了漁場的閘門，然後回首望了一下。米夏跟上他，兩隻海豚速度很快地出發了。

　　湯姆和米夏迅速游過了海灣，奔向牠們在大海裡的新生活。團隊的所有成員都眼泛淚光：他們心懷感恩，兩隻海豚都很健康也很強壯；但他們也很難過，因為他們跟湯姆和米夏此生或許再也不會相遇了。當天一個攝影團隊開著船追隨著湯姆和米夏的身影，而一切似乎都很順利。他們看到兩隻海豚很輕易地就捕捉到食物，甚且還遇上了其他海豚。牠們終於能夠像野生海豚那般，自由地生活了。

第 九 章

二〇一二年，十月

土耳其南邊海岸

接下來一段時間，由於衛星追蹤系統的裝置，拯救團隊得以繼續追蹤湯姆和米夏的行動。頭一個星期，兩隻海豚待在一起，沿著海邊游移。然後，忽然之間，牠們各走各路，拆夥了。是因為湯姆又開始時常作弄米夏嗎？

米夏往土耳其西南海岸安塔莉亞省（Antalya）外的海域游去，那裡或許是她的家鄉。也許她記起了自己出生的地方，並用回聲定位的天賦或運用自己「讀取」海岸線

磁場的本事，找到了回家的路？沒有人知道確切的原因。

　　對人類最有興趣、也是兩隻海豚中比較頑皮的湯姆，則有其他的想法。他開始游進不同的海灣，以便接近漁民和潛水夫。當然，人們喜歡看到他，但這可不是拯救團隊原先對他的計畫。他們希望湯姆能回歸野生海豚的生活，並且遠離人類。如果他繼續游近漁船和潛水夫，他遲早會惹上麻煩。而且，如果他繼續靠近人類的話，他便會有再度遭到捕捉的危險。

　　但湯姆很聰明，而且很快就學會了獲取食物的方法。他會在靠近觀光旅館的海邊遊蕩：那裡的魚因為遊客餵食麵包而長得特別肥美，且容易捕捉。他會繞著觀光郵輪游來游去或尾隨捕漁船。他也開始會從漁民的網裡偷取漁獲，把自己喜歡的魚挑出來。漁夫們都喜歡湯姆，因此對他這樣的偷竊行徑容忍了一陣子，但最後當地的漁業合作社聯絡了**生而自由基金會**團隊。他們警告說，有一個規模龐大的養殖場要在當地成立，而他們不會容忍海豚這種偷竊魚隻的行為。如果湯姆從他們的養殖場偷魚，他有可能會被射殺。為了保護湯姆，團隊只好再度捕捉他、將他運

送到離沿岸較遠的海域去。

　　當團隊找到湯姆時，要不是他背鰭上的追蹤裝置，他們幾乎認不出他來。他增加了約七十公斤的體重，變成了一隻強而有力的巨獸。雖然他一定記得那些曾經照顧過他很久的人類，但他可不喜歡被捉住。一開始他奮力地掙扎、戰鬥——倒不是因為他害怕，而是他很生氣！

團隊的工作人員將他移送到往南一千公里遠的安塔莉亞省外海，離當時米夏所在的地方不到三十公里。沿著那一片美麗的海岸，連綿的山巒長著茂密的松林，彷彿給蔚藍的海洋鑲了邊。一開始，兩隻海豚並沒遇上彼此，但當牠們終於遇見彼此後，並未待在一起很久。湯姆離開了，不停歇地連續游了許多哩路。也許這兩隻海豚再也沒有機會碰上面。

　　湯姆和米夏背鰭上的追蹤裝置只有在電池有電時才能運作。如今，牠們一切都得靠自己了；而且也沒有人知道牠們在何處。希望牠們不斷地在旅行、玩耍、獵捕食物，就像寬吻海豚會做的那樣。也許，牠們已經加入了其他的海豚團體。海豚團體會幫助牠們尋找獵物和保護自己——海豚是善於互助合作的動物。也許現在湯姆和米夏已經當爸媽了。

　　將這兩隻教人驚奇的動物從汙穢的小水池中救出、並將牠們送回大海，是一項漫長又艱辛的任務；而這也是人們第一次成功地執行拯救和釋放計畫。希望我們從中學到的是：海豚不應該被捕捉、囚禁、並被訓練來娛樂大眾。

野生海豚的平均壽命大約三十幾年，有一些甚至可以活到五十年。然而，被囚禁的海豚卻會因為生活條件太差所造成的疾病和壓力而提早死亡。海豚是友善、喜歡群居的動物。牠們通常過團體的生活，數量從兩、三隻到數百隻不等；不過，團體的組成分子也可能經常變動。

雖然大部分的小海豚是在春季和夏季誕生，但野生海豚在一年中的任何時候都會交配和生產下一代。母海豚的孕期大約十二個月，且是在水面下分娩小海豚。當一隻母豚要生產時，另外幾隻母海豚便會聚集起來圍著牠，然後幫忙將新生的小海豚推到水面上去呼吸第一口空氣。

小海豚吃母奶的時間長達十八個月，但從六個月大起也會開始吃魚。小海豚會跟著母親生活幾年的時間，緊隨在母親身旁、努力學習如何捕捉食物和存活。

牠們是雄偉、聰明的動物。我們不應該干擾牠們。牠們應該自由自在地生活在大海——那裡才是牠們的歸屬。

湯姆和米夏是很特殊的例子，因為並不是所有被捕捉囚禁的海豚都能這麼幸運。全世界仍然有數以千計的海豚和鯨魚住在動物園和海洋公園裡。比起海洋哺乳類動物在大海裡遼闊的家園來，即使是最先進優良的設施也都太渺小了。那些動物毫無疑問會受折磨。

因為遊客想要幾分鐘的開心和娛樂，這些漂亮雄偉的動物就被宣判過著一種違反自然、不快樂的生活。幫助這些被囚禁的海豚重新適應大海的生活，是一件既漫長又耗資龐大的任務，而且那些海豚中有很多因為被關閉太久，而使得釋放的過程無法成功。

但是，我們希望，湯姆和米夏的故事可以讓每個人都意識到捕捉海豚並囚禁牠們所意味的是什麼，且自主地不再參訪海豚公園。能夠瞥到大海中海豚瞬間跳躍的身姿一眼，我們就應該滿足了。海豚應該在廣袤無邊的大海裡自由自在地生活。

我們感謝各界的幫忙和贊助，讓這個不可能的援救和

釋放行動成爲可能。大家對這個計畫的努力和支持眞的十分珍貴。對此，我們將永遠感激。

拯救大象

路易莎・里曼（Louisa Leaman）◎著
吳湘梅◎譯

非洲象妮娜從小失怙，被動物園救起後，開始了長年的囚禁歲月。她開始表現得異常時，園長知道：是該放她自由，重返荒野了。
亞洲象平綺三個月大時就跌到坑裡，傷痕累累，被幸運救起的她，雖然右眼下方留下一道鮮明的粉紅色疤痕，但這也是被賦予生命的象徵。再次回歸野外也許不能順利適應，但牠們都義無反顧的走向自由。

拯救猩猩

潔西・弗倫斯（Jess French）◎著
羅金純◎譯

年幼的黑猩猩「猩寶」出生在喀麥隆的叢林，卻因為盜獵者而被迫離開家人，淪為招攬客人的賺錢工具。每天晚上，猩寶的工作就是和一群又一群的遊客拍照。到了深夜，猩寶才又被丟回籠裡，孤獨地待到翌日晚上。正當她幾乎陷入絕望之際，救援之手向她伸出，從此一切開始有了新的轉機。

蘋果文庫 110

拯救海豚
Dolphin Rescue

作者｜金妮・約翰遜（Jinny Johnson）
譯者｜吳湘湄

責任編輯｜陳品蓉
封面設計｜伍迺儀
美術設計｜黃偵瑜
文字校對｜陳品璇

創辦人｜陳銘民
發行所｜晨星出版有限公司
行政院新聞局局版台業字第2500號
總經銷｜知己圖書股份有限公司
地址｜台北 106台北市大安區辛亥路一段30號9樓
TEL：(02)23672044／23672047　FAX：(02)23635741
台中 407台中市西屯區工業30路1號1樓
TEL：(04)23595819　FAX：(04)23595493
E-mail｜service@morningstar.com.tw
晨星網路書店｜www.morningstar.com.tw
法律顧問｜陳思成律師
郵政劃撥｜15060393（知己圖書股份有限公司）
讀者專線｜04-2359-5819#230

印刷｜上好印刷股份有限公司

出版日期｜2018年6月1日
定價｜新台幣230元

ISBN 978-986-443-451-0
By Jinny Johnson
Copyright © ORION CHILDREN'S BOOKS LTD
This edition arranged with ORION CHILDREN'S BOOKS LTD
（Hachette Children's Group Hodder & Stoughton Limited）
through Big Apple Agency, Inc., Labuan, Malaysia.
Traditional Chinese edition copyright:
2018 MORNING STAR PUBLISHING INC.
All rights reserved.
Printed in Taiwan
版權所有・翻印必究

國家圖書館出版品預行編目資料

拯救海豚／金妮·約翰遜（Jinny Johnson）作；
吳湘湄譯. -- 臺中市：晨星，2018.06
　面；　公分. --（蘋果文庫；110）

譯自：Dolphin Rescue

ISBN 978-986-443-451-0（平裝）

1.鯨目　2.動物保育　3.通俗作品

389.75　　　　　　　　　　　107006098

407　台中市工業區30路1號

晨星出版有限公司

TEL：（04）23595820　　FAX：（04）23550581

e-mail：service@morningstar.com.tw

http://www.morningstar.com.tw

請延虛線摺下裝訂，謝謝！

生而自由系列

拯救海豚

蘋果文庫 悄悄話回函

親愛的大小朋友：

感謝您購買晨星出版蘋果文庫的書籍。歡迎您閱讀完本書後，寫下想對編輯部說的悄悄話，可以是您的閱讀心得，也可以是您的插畫作品喔！將會刊登於專刊或FACEBOOK上。免貼郵票，將本回函對摺黏貼後，就可以直接投遞至郵筒囉！

★購買的書是：<u>**生而自由系列：拯救海豚**</u>

★姓名：_____ ★性別：□男 □女 ★生日：西元___年___月___日

★電話：_____ ★e-mail：_____

★地址：□□□ _____ 縣／市 _____ 鄉／鎮／市／區

_____ 路／街 ___ 段 ___ 巷 ___ 弄 ___ 號 ___ 樓／室

★職業：□學生／就讀學校：_____ □老師／任教學校：_____

□服務 □製造 □科技 □軍公教 □金融 □傳播 □其他 _____

★怎麼知道這本書的呢？

□老師買的 □父母買的 □自己買的 □其他 _____

★希望晨星能出版哪些青少年書籍：（複選）

□奇幻冒險 □勵志故事 □幽默故事 □推理故事 □藝術人文

□中外經典名著 □自然科學與環境教育 □漫畫 □其他 _____

★請寫下感想或意見